Le Style Industriel

好想住工业风的家

[法]吉娜维芙·托马斯　著
陈　阳　译
[法]金·谷　摄影

江苏凤凰科学技术出版社

前 言

PREFACE

首先要确定自己是否喜欢那些返璞归真的木头、刚硬有力的金属、自由肆意的混凝土……

你是否喜欢这些原始素材的返璞归真？喜欢它们粗糙的纹理所搭配出来的质感？你会收集一些既风格独特又实用的家具吗？你会尝试去创造对比反差很大的风格吗？最让你着迷的是一种纯净优雅、洗净铅华的氛围，还是一种永不过时的别致、时尚呢？

通过这本书你会喜欢工业风的！

城市边缘废弃的工业厂房，原本是艺术家为寻求独特、远离喧嚣的生活与找寻新的创作空间所做的投资。而如今越来越多的人也做出这样的选择，他们想要将工作与生活品质调和在同一个地方，让它们互相融合。然而，想要这样别出心裁的生活方式并不一定需要生活在一个工厂中才能实现！另类的、独特的、肆意的工业风脱离“LOFT”格局，开拓出一片更人性化、规模更庞大的崭新空间。与时共进的房间规划、摆设布置与居住者的格调融为一体，不仅可以展现居住者的独特个性，同时表现出房间的舒适度与共享性。在本书中，你可以学习工业风的装饰技巧，你所有的想法或欲望乃至那些可能相互矛盾的想法也有可能得到满足。因为在本书中，不仅材料的使用会与以往不同，而且会给你一些想得到或想不到的风格的单品搭配，例如巴洛克风、波西米亚风和传统民族风格等；还可以教你将这些风格融入需要你亲手改造的二手单品中去，教你打造属于自己的独一无二的工业风之家。

抛开固有的形制，会有各种崭新的选择

现在的人越来越迷恋 20 世纪的建筑遗产。而这股怀旧浪潮的主角是当时以经久耐用为制作目标设计出的家具，这些家具被时光浸染的颜色使得它们登上了当今的时尚市场。最受欢迎的产品还兼具稳重、实用与坚固的优点。这样的风格和固定的样式，很接近现代的极简主义风格，但还保有制作年代所具有的印记。原本被弃如敝屣的家具被整理改造后，脱离了它的原本用途，崭新地出现在众人面前，为原本平淡无奇的室内空间平添出奇思妙想又充满了趣味性。

简单而真诚地改变室内空间

粗糙的外观、细腻的品质、岁月的考验，使这些曾用于装修工业场所的素材证明了自己，历久而弥新，经过再次保养依然坚固耐用，并遮盖了当面的“不成熟”。这些坚实可靠的素材以最简的形式呈现，总是真实而坚韧，经过优秀的能工巧匠细致设计，也可以焕发出特有的奢华风采。如果有机会设计毛坯房是最好的，设计成工业风会方便很多，而且装修也会省很多钱。如果要去改造老房子，就只能依照老房子原有的结构和装修取长补短。为了完全地表现出工业风的特色、表现出建筑材料原本的样子，需要将地面和墙面上多余的装修全部打磨掉，就可以简单地开始工业风的第一步。

现在，就带着对工业风深深的探究感开始阅读本书吧……

·作者

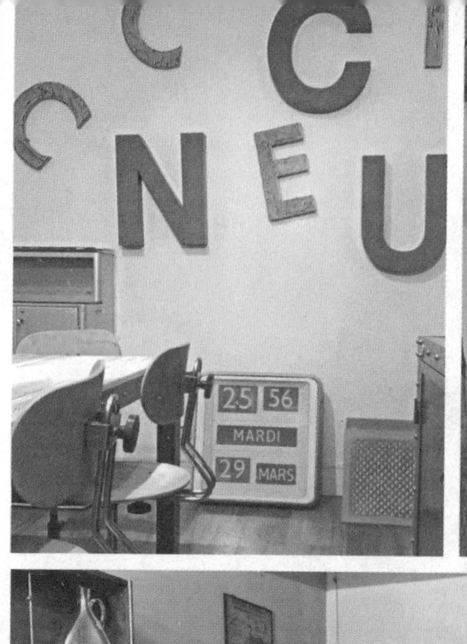
25 56
MARDI
29 MARS

目录 CONTENTS

第一章　材料
Chapter 1

第二章　格局
Chapter 2

第三章　物品
Chapter 3

第四章　空间
Chapter 4

实践手册
CAHIER PRATIQUE

鸣谢
ACKNOWLEDGEMENTS

特别感谢
SPECIAL ACKNOWLEDGEMENTS

第一章　材料

Chapter 1

金属 METAL——刚硬坚实

混凝土 CONCRETE——自由恣性

木头 WOOD——生态环保

砖 BRICK—— 火红灿烂

玻璃 GLASS——流光溢彩

油漆 PAINT——与光合作

防护层 COATING——质感加倍

瓷砖 TILE——用途多样

金属 METAL

——刚硬坚实

在人类的演变过程中，铁器是具有时代意义的，金属也在不停地改变着人类的命运，钢铁生产量越来越大，使得 18 世纪工业革命推进迅速，在 19 世纪金属更是这个时代飞跃进步的重要标识。同时越来越多的金属建筑拔地而起，奠定了如今的工业风的地位，工业风格就此诞生！

自然形成的氧化层，赋予冷冰冰的钢铁墙一片温暖的色调与生机，让它变得美丽，也让人感觉到钢铁之墙的脆弱。

金属建造极具风格的美学风潮

19 世纪 80 年代末，埃菲尔铁塔由古斯塔夫·埃菲尔（Gustave Eiffel）在法国建成，使用了钢铁构件 18 038 个，重达 10 000 吨，施工时共钻孔 700 万个，使用铆钉 259 万个，成为现实中第一个巨大的金属建筑。而后埃菲尔又建成了法国南部的加拉比高架桥。钢铁是力量和长久的象征，是建筑中无可替代的存在，在专业用途的建筑工程中展露出无与伦比的优点。它可以与玻璃构筑车站和工厂的玻璃屋顶，显得优雅高端，也显示出现代建筑所寻求的宏伟与轻盈之间的平衡感。都市居民可将木头家具改为金属家具，拉车的马匹也在工业革命之后被换成了蒸汽机……至今一直在铁铺与铸造厂经受千锤百炼的金属，一跃升级为高技术性材料，再通过各种加工，镀锌、镀镍、镀铬等创新保护技术，迅速蓬勃发展。

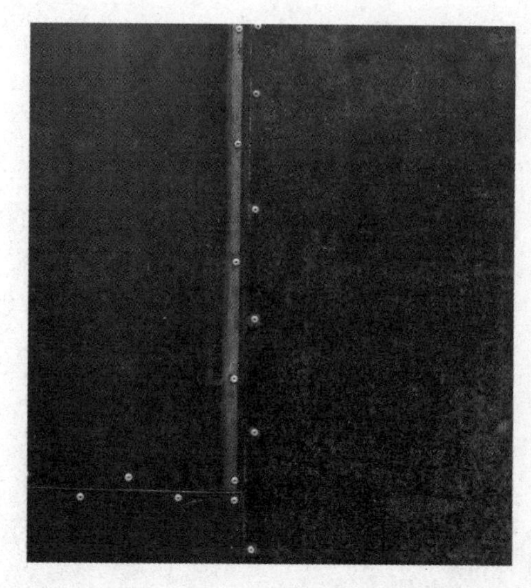

▲墙壁上的金属板，是用抽芯的铆钉钉在木支架上，再与墙壁贴合。

发现金属

金属是工业风装修的灵感和基本材质。它是非常好的热导体，本身是十分安静的，除非受到外力造成震动。平时它们都尽可能地藏在建筑物里，无声无息地顶起一片天：

● 房屋框架为黑色金属；
● 梁、柱和共混聚合物可以在不间断空间的情况下，划分出空间界线；
● 金属窗框可拉宽对外的距离，使得视野宽阔，或提供不遮光的区间；
● 涂漆的钢板可以与旧木板相配合，以不连贯形式组装；
● 阶梯与走廊的扶手或地板可以用镀锌钢制成，可让设计师量身打造，将金属与木头、玻璃或水泥相互搭配。

这些华丽的金属柜来自于如今已经消失的工厂。

One More Wednesday
RIETVELD

◀▶与工厂脱离的金属家装，瓦楞钢板用作天花板或镂空铁板制成的楼梯面。

工业风的诞生由金属开始

20 世纪金属已经成为设计师创造的灵感来源，20 世纪 30 年代，它成为建筑时尚弄潮儿，对设计师有着难以言表的吸引力，而且设计师们也深知它的实用性，因为在各种风格中它都有存在的意义，不管是高贵豪华还是休闲随性。勒·柯布西耶（Le Corbusier）、夏洛特·贝利安（Charlotte Perriand）以及战后铁艺装饰大师并自学成为建筑师的简·普鲁维（Jean Prouvé）等人全都投身艺术的浪潮——金属美学。随着科幻小说的兴起，在 20 世纪 60 年代，闪亮的金属光泽为时装和饰品带来未来感。在 20 世纪 80 年代，废弃的工业区成功转型为生活和工作的空间，金属结构的风格也迎来新的购买浪潮，使得价格也跟着水涨船高，LOFT 风格也因此得到大家的认可。时至今日，虽然全球金属价格飞涨，但没有妨碍到装修时材料的选择，从地板到天花、从家具乃至家电，金属的风潮持续地“攻城略地”。

材料

金属不仅可以应用于工业厂区，还可以轻松地成为居家装修的材料，它有着坚实耐用、经济实惠、随意改变形状等优点。薄钢板、镀锌板和不锈钢钢板也可以通过折叠包裹在工作台等当作桌面使用。如果用在公共楼梯上会很顺畅地适合各种空间风格的搭配。头顶上的镀锌钢板，不仅可作为水泥浇筑天花板的模板，还可以直接使用，将其打磨光亮，即呈现优美光亮的景象。地面大胆采用在工业建筑中常使用的经过变形处理的金属板，先将其贴上墙面，再做铆钉衔接处理，既可使墙板加厚，又可以起到保护的作用，金属板在光的照射下，反射出轻柔的光芒。钢材制成的门，用灵活的连环相连的隔断帘以及用锌板制成的沐浴室的隔板，都展现出绚丽的金属所存在的千万种可能性。

不管是新屋的量身打造还是老屋的改造，金属材料都是居家工业风格不可或缺的搭配品。它的持久性与特异性可以与许多其他的材料相配合: 混凝土、木材和玻璃，都是它最好的“盟友”，材料的质感无论是粗糙还是细腻，都会与金属配合得天衣无缝。

小心食品区！

- 铅合金和锡制成的老台面是具有毒性的。因此，禁止将所有食品放到表面，尤其是乳制品。切勿将入口食物直接放到这类金属表面发生接触。
- 桌面一般选用拉丝不锈钢、镀锌钢、铝和锌会比较安全。

GUINNESS
AS USUAL

彩色的混凝土作为地板，不易脏且易于清洁打理，为居家空间带来欢乐和朝气。

混凝土 CONCRETE

——自由恣性

传统的混凝土，在 LOFT 风格中不加修饰地暴露在大家面前，给人豪华、高档的感觉，自此开始混凝土的新的一面被发掘了出来。与此同时，曾经是建筑材料中默默无闻的原材料混凝土已然成为了建筑材料中的偶像，因为前卫设计师们看到了混凝土中存在的美学潜力，使它摇身一变成为很多建筑钟爱的材料：混凝土时代开始！过去不受喜爱的混凝土受惠于重要的技术创新，到今天已经成为现代风格的标志性材料，营造出优雅且极简的格调。

▲为混凝土表面铺满保护层，可以让它更耐热、耐用。

混凝土的颜色

要想让废弃的工厂再次恢复使用，还要尽量节省成本，第一时间就会想到质朴的混凝土了。坚固耐用的混凝土具有强大的可塑性，可以用于结构的灌注，也可以当作表面涂层使用，最重要的是它真的很便宜，也容易操作。混凝土是可以根据技术改变自身颜色的，此技术首先开发应用于工业，成本低，而且可以快速实现变色效果。在灌浆时，先在刚抹好的混凝土表面均匀地撒上一层矿物性粉末，也可以在水泥搅拌时加入自己喜欢的色彩进行配比，或是加入部分二氧化钴，就可以制成“气象混凝土”。这种混凝土色彩艳丽，而且颜色可随空气的湿度不同而发生变化，即空气干燥时呈蔚蓝色，潮湿时变成紫色，下雨时又变成玫瑰色。微干后，在表面再抹一层均匀的水泥，等完全干燥后，在表皮涂抹一层保护蜡和天然油脂的混合物，用于对混凝土表皮的保护，或者喷涂树脂聚合物，可以让混凝土表面更耐热、耐冲击和耐磨。

“奢侈”的混凝土

● 虽然混凝土本身很便宜，但是装饰性混凝土的装饰工作要价却很高。因为这项工程需要技能娴熟的老练工匠花费大量时间，才能将混凝土表面做得平滑光洁。

● 在大型商场中 DIY 设计混凝土的时候，需要准备性能良好的工具和大型的模板，但只有这方面的专家才可得心应手地使用。鉴于模板和人工都是价格的高点，所以混凝土还是很“奢侈”的原材料。

超高性能的混凝土可以实现很多个性化的作品，就像这个巨大而优美的椭圆形浴缸。

将丙烯酸涂抹在混凝土表面，可以保护其不受到外界的污染，而混凝土可以以蜂窝、蜡制或砖块等形式遍布整间浴室。

仿混凝土涂料的使用

当前市面上有许多仿混凝土效果的装饰材料，适合地板、墙壁、浴室、厨房等各种特定空间使用。效仿混凝土效果的装饰材料称为微膨胀水泥，除了轻巧耐用、延展性强之外，使用后效果并不次于普通水泥的外观效果更是它们备受重视的优点。这些新型的似混凝土涂料，比混凝土粉刷层要薄很多，只需要轻涂 2 ~ 10 毫米就可，可依据客户的需要加入颜色缤纷的颜料，并运用不同的技术在表面制作光刷纹、爪印、条纹、仿旧、蜡质、哑光等效果，甚至可以做得如明镜般光滑。

在还没上浆前，我们还可以将木头、石头、玻璃或金属嵌入，将这些材料固定在表面上。结合不同的颜色、底漆、质地和形状去制造不同的表现效果，这类新颖细腻的微膨胀混凝土可以让人发挥出无穷无尽的创意……

蜡制养护混凝土

这是混凝土技术成熟的第一步，由繁化简做了这样的保护层，可以让表面坑洼不平的混凝土地面得到光滑柔顺的修补，也能带给原本平滑无光的地面一种温润的质感。在制造过程中应先加入颜料染色，随后立刻灌到定制模板中，再经手工打磨、抛光和上蜡，最后再用机械进行抛光，之后需要几天的时间才能凝固，需要很多天才能创造出这种优美的水泥铺地面。如果要大面积使用，必须提前预留缩胀量，以免以后出现严重的裂痕，不只会让人感觉不舒适而且还有失美观。装修中如果出现这种情况，一定要向专业人士求助，不要自己修补，切记不要事倍功半。

◀现场可以浇筑防水、防潮的一体成型混凝土，可依照需求量身定制，为使用者打造坚固耐用、优雅简约的厨房设备。

▲适用于墙壁涂抹的灰浆，涂层结构与混凝土相似。

▲对于黏土混凝土，石子磨损后的质感，在光下可以反射出两种灰色调。

▲染色混凝土与镶木地板从色调和质量搭配得天衣无缝，充分发挥“加时赛”的效果。

“伪装”石灰的材料运用

● 以石灰为基底的灰浆材质涂抹在墙壁上，呈现出美丽的效果，突显岩石的天然色泽。

● 柔软有光泽的涂料，是一种叫泰德拉克（Tadelakt）的摩洛哥传统灰浆，有防水的特点，此灰浆以石灰和黑肥皂为主要制作材料，后期需要用抛光辊进行打磨抛光。这种材料主要用于浴室，但它柔软光泽的外观与防水的特性，让其成为室内、室外都可以使用的理想装饰涂料。

● “Stucco”为厚浆型的质感涂料或类似含有砂粒的彩色水泥。这样的水泥也可以理解为多纹理、多色彩的原浆型质感涂料，可有多种施工工艺、涂抹效果，具有各种丰富的质感。主要成分为石英砂或丙烯混合胶。利用黑肥皂、蜡或石灰乳等不同材质、不同技术，就能将这种石灰打造出光滑细腻的表面与自然色调。

● 天然的粗夯土混合砂（pisé），是由沙子、黏土和碎石堆叠而成。虽然外观看起来粗陋，但这样的材质只有技术扎实的工匠才能很好地运用。

● 密实、光亮、平滑的石灰粉（Chaux ferrée）是一种混入大理石粉末的石灰粉。这种近似泰德拉克的灰泥，经过刮刀抹平后会散发出特殊的光泽。

天然或漆成浅色系的木头，为这栋改装成 LOFT 的旧厂房带来柔美和温馨的气息。

木头 WOOD

——生态环保

木头的颜色温暖且能抚慰人心，让大自然在封闭的空间中展现应有的底蕴。这种材料绝对是“禅宗”的最佳体现，它代表了健康的生活意义，可以抚平内心的浮躁，沉淀纷扰的思绪，冷静混沌的头脑。它自然平和的外观能够温暖冷冰冰的金属，软化坚实的水泥：它是让工业风变得柔和美丽的秘密武器！

调和工业风的秘密武器——木材

木材是可再生资源，它的迷人与它的年龄相辅相成，旧化的过程中，时间让它变得更加吸引人。老旧家具上的旧木头，可通过彻底的打磨，使木头从厚重的涂料层中释放出来，打磨后也需要再加一些薄石灰或酪蛋白，用以保护裸露的木头表层。原始、未经加工、未磨光，甚至受到岁月侵蚀褪色的木头更受欢迎，它们通常广泛应用于楼板、墙壁、天花板、梁柱、阶梯、床头板、门扇、隔板、屏风、厨房工作台、家具和木雕上。如此喜欢树木、热爱生活的我们，为什么不在房间里种一棵树呢？

原木、实木，还是压缩合成木？

美丽的百岁老人——巨大的橡树会有许多的故事要告诉我们。但不可能去砍伐这样的一个故事载体，使用它们提升居家空间质感并不是一个明智的选择。我们可以寻找专门负责建筑的古董商，在回收的古旧建筑（无国宝意义、无纪念意义）的建筑材料中找寻宝贝。如果预算有限，也可以像众多工业风格的爱好者一样，选择那些可以以超低价格购入的体积庞大的压缩合成木木板。它是一种很理想的材料，适合制作成各种各样的组合家具，不费时间就能拥有恰似定制款的橱柜、架子、书柜等。它们的价格低、容易切割，不需要打磨就可以上漆或进行简单的哑光清漆处理，可以保护木头最原始的牛皮纸质感，而不会伤到手。

各种木头使用前须知

- 检查来自外国的木材来源，是否有 FSC（Forest Stewardship Council）或 PEFC（Programmme for the Endorsement of Forest Certification Schemes）的标签，并且需确定是否来自环保方式经营的林场。
- 购买前需仔细检查买到的压缩合成木的组成材料，确保木板刨花时不会危害健康。
- 对回收回来的木材（门、梁柱和护墙镶板）进行除虫处理，避免这些不速之客带来惊吓和二次破坏。

“角色”互换！原本应装饰地面的木地板经过改造变成了天花板，让这间书房中渐变的灰色调有了一丝活跃的感觉。

将木板固定在墙上，让木头的纹理大面积地展现出来，这样的装修方式不仅施工快速、容易实施，还为工业风家具的刚硬线条添了几分柔情。

让木头玩大对比吧！

木头的颜色可以是浅白也可以近乎全黑，都可以让木头的纹理和节点浮出表面，与其他的物品相呼应。浅色或暗色且纹路清晰的木板可以提升钢制家具的整体价值，而明亮的茶色木板则可以突显白色、米色和灰色色调家具。为了让朴素的墙壁变得亮眼，可以涂上浅灰或灰白色的石灰浆，将木头板刷白，呈现出像舰队里浅白色的美丽效果。

▲为混凝土表面铺满保护层，可以让它更耐热、耐用。

保持木头的原貌还是经过加工呢？

粗糙的地板和涂上保护漆却未抛光的集成木地板拼接在一起，经过热处理，除去表面涂层之后，再无化学品为它提供保护，就可以用湿抹布或拖把清洁了。如果出于价格便宜或生态循环的考虑，我们可以选择本土的木材而不是外来树种的木材。上过油的山毛榉、白蜡树或海岸松拼接而成的木地板散发出优雅的气息，用在浴室中也有优秀的表现。

原始的魅力！

- 一面迷人粗犷并洋溢着现代感的不规则墙壁板，可以去找建筑材料商批发购买木头模板。我们可以将长短不一的木板拼凑在一起，不过要记得在木板之间留一些空隙。
- 来自木材厂的木板又长又宽，只简单涂上清漆就可以加以保护，很简单地就成为了质朴素雅的地板。这样的方法可以保留木头粗糙的表面和所有日常生活留下的痕迹，这种方法打造的地面不是十分平整，却是省钱的方法。
- 未经正规工厂加工的地板，可以定期用漂白水清洁，可以使其颜色变浅，也可以让木头提前老化，制造出高级的颜色和漂亮的外观，很适合金属家具。

迷你的砖块，与工业风格的严肃冷峻形成鲜明的对比。

砖 BRICK

——火红灿烂

纽约、里尔、图卢兹、阿姆斯特丹……在历史长河中，这些城市的建筑设计师都展现出对砖的热爱。砖的存在是和谐且强有力的，它不仅可以很容易地融入环境，还强烈地彰显着自己的个性。它总是最大限度地隔热和防寒，是自然的产物。

裸露的砖

在过去，室内装修时人们常常使用石膏掩盖砖本身的色彩。在北方国家，典型的“LOFT”文化为这种只用于工厂外墙和工人宿舍的淳朴通俗的材料找回属于自己的风采与魅力，让它更加流行。如今已经有一些砖结构完全不使用辅助的隔热绝缘材料，显而易见的砖块为城市的装修创造出现代感十足的优雅背景。

◀巨大尺寸的砖块，有着温暖的传统魅力，完美地调和了工业风的坚硬感。

热烈的出场

新产品的砖有着各种各样的颜色、纹理和尺寸，有些产品是机器制作出来的规则的形状，有些则是不规则的手工艺术品，展现各种令人惊艳的立体感和色彩，从最纯净的白色到最纯粹、深不见底的黑色。均匀且斑驳的原色砖块，取决于黏土和烤制过程中使用的原材料的品质和时间。如果你还想制作出拥有古旧韵味的墙壁，那么只需要从这些温和的色调中选择出你所喜欢的：米色、蜂蜜色、绯红色、焦糖色和深赭色，让它们随着时光的变化而变化，颜色会越来越迷人。还可以选择不同尺寸的砖营造想要的效果：以前工厂的怀旧风格可以使用方形的小红砖，或者你还可以选择 60 厘米长的超大砖来营造古旧的城墙感。在户外使用时，正方形和长方形的砖是最常见的，它们耐用、抗磨损、价格便宜，还特别容易铺设，通常会铺在密封绝缘层上。

“不甘隐藏”的砖石

- 刷白的砖墙流露出质朴的简约气质，与木头、玻璃和金属搭配，浑然天成。
- 如果想让砖石变得柔和，可以使用彩色的石灰浆做修饰，营造出不同的感官效果，还不会将砖石原本粗糙的特质掩盖住。

▲刚硬生猛的格调！这些旧工厂存留下来的厚厚的砖墙，原汁原味的强悍感与微锈的钢椅“分庭抗礼”。

▲屋主打掉墙壁时发现这是旧工厂留下的特殊的墙，一半是石造的结构，另外一半是由砖补成的。

玻璃 GLASS

——流光溢彩

在过去，玻璃材料是罕见且脆弱的材料，而工业建筑追求的又是空间的明亮感，所以即使玻璃再脆弱也成了此类建筑的重要材料。现在，新型的智能玻璃可以用均匀的方式分配光线，并且还有不同厚度的产品，可以依照需求去调整玻璃的颜色和透明度。

玻璃护栏能够优化室内空间的透视感，同时又可以最大化地将光线引入阁楼上小卧室内。

没有停下创新的脚步!

在屋顶、阳台和天窗的应用上，玻璃为它们提供了很好的外观效果，新型玻璃还可提供比传统玻璃更为优秀的隔热效果，这种玻璃不仅保留了原本的优点，还足以抵御夏日强光的高温，防止阳光的眩目，还拥有着杰出的防护能力。我们在任何想要制造轻巧效果的地方都能看到玻璃的身影！例如玻璃门、隐形护栏、防滑楼梯台阶、橱柜门、书柜等。彩色玻璃或磨砂玻璃可作为隔墙或吊顶天花板，筛选和美化灯光的光线，避免视觉疲劳。将玻璃做成地板铺设在精心选定的区域， 即使玻璃面简单朴素也能让阴暗处有着亮眼的一角，并可打开空间创造崭新的视野。

▲以聚碳酸酯制作而成的波浪半透明板，轻松地将墙改造成透光墙，效果令人惊艳。

想要更多的透明度!

- 使用玻璃砖代替窗户作为面向马路的开口，可以阻绝噪声、寒冷和外界的视线。
- 只要在墙壁高处镶嵌一道单纯的玻璃砖装饰带，就可以让自然光线自行反射到白色的天花板上。
- 在表面的玻璃板，让承载的一切都“一览无遗”。

神奇的透明塑料！

无塑料不成现代：这个资历最浅的工业材料具有雄厚潜能！切割锯、钻孔、打钉、钉螺丝，样样都可以做到。塑料轻巧好操作，既不会腐烂又能承受冲击性。因为塑料的可塑性和它的刚性，我们经常用塑料来取代玻璃，目前市面上有许多塑胶品牌提供超高性能、透明、半透明、乳白色、彩色等各种类型的塑料产品，有些和聚碳酸酯（PC）一样便宜，有些则如杜邦可丽耐®（Corian）一样昂贵。塑料的应用几乎包含了所有的用途：涂料、滑动门、隔断、工作台、护栏……还可制造方便又好玩的家具。

玻璃砖以惊人的效果布置房间，作为这个酒吧的吧台，不但分隔出厨房的空间，而且无遮蔽的光洒满屋内的每个角落。

灰色属于重色调，给人带来静谧素雅的感觉，装点鲜艳的颜色让室内的颜色瞬间活泼起来。

油漆 PAINT

——与光合作

从 LOFT“离家出走”的工业风装修虽然偏爱黑、白色调，但进入新世界的它们也可以使用色彩来更新自己。超现实设计感、工作坊型、复古风、巴洛克风……这些均可任君选择，但在确认之前，请先让自然光做你的“方向指挥者”，观察光线为空间带来的格调和节奏。

一扇大玻璃窗在墙上，墙壁又采用天鹅绒质感的褐灰色漆料，会因为窗户的光线的改变而改变反射出的色调，为“粗糙”质朴的客厅注入温柔与活力。

难以超越的白色

奶白色、月白色、雪白色、棉絮白色、鸢尾花白……这种介于智慧与单纯之间的“无彩色”能够制造各种对比，同时突显原材料的质感。要是想让白色为视觉带来广大的空间，就要去找它的好朋友——“光线”了。银白色、默顿白 [Meudon，又称高岭土白（blanc d'Espagne）] 、钛白、铅白、锌白、碳酸钙白（Blanc de Troyes）……总体看起来都是一片白，但却展现出不同的深度和透明效果。白色的魔法之手能让金属家具、木头家具、木头工艺品以及风格迥异、精雕细琢的古老玻璃工艺品焕发出灿烂的光彩。

经典高贵的黑色

黑色是工业风的明显标志，散发着永不过时的精致气质和优秀的品位。这种极端颜色在白色背景的烘托下永远不会过分严肃，也一直都有朴实无华的高雅气质。当与浅色木头和钢材等原材料的色调搭配时，也不输于与白色的搭配，依然高端。

板岩黑色、花岗岩黑色、炭黑色、墨黑色……用于窗框时非常立体，也是外露管线和暖气装置的最佳拍档。珍贵的乌木蜡，能够让平凡的木制护墙板脱胎换骨。搭配几抹嫣红、几张流线型地毯、大量的抱枕、巴洛克式古董，以及几件奇珍异宝，就能营造出别具一格的氛围。

清雅复古的灰色

这种微妙的、素雅清淡的中性色调是塑造简洁宁静氛围的关键要素。褐灰色、鼠灰色、鸽子灰色、斑鸠灰色、石板灰色、黏土灰、铅灰色、烟煤灰、银灰和古斯塔夫天空灰……无论是磨砂面或亮面，还是金属化、天然化或旧化，灰色都能提供美丽的色调！高雅低调的灰色是智慧与知识的象征，能与各种形状和材质完美搭配，鲜明的颜色在它的衬托之下更加迷人。只要在油漆中加入少许灰色就能赋予绿色、蓝色、紫色与粉红色一种永恒的复古感。

善用颜色去表达

硬冷的厨房、惨白的办公室、鲜艳的卧室……你不会觉得不舒服吗？如果觉得不舒服，我们就要先调整它的颜色！一种简单的色调能够填补和构建素雅自然、焕然一新的空间。柔美圆润的栗棕色或浓郁的砖红色可与严肃的工业材料完美搭配；清爽的春色系让房间从混凝土开始就洋溢着愉快的好心情，地板立体生动，柜门也趣味满满。在卧室，直接在墙壁上刷一个深紫色的长方形代替床头板，划算又充满设计感。如果想选择鲜艳的色调，利用一张漂亮地毯或民族风抱枕作为搭配，它们的配色从此无懈可击。

时尚简约的色彩打造自然别致的民族风

褐灰色

浅栗色

咖啡色

沥青色

巧克力色

栗色

专业色彩打造活泼动态感

普鲁士蓝

石油蓝

芦笋绿

军绿色

苔藓绿

英伦绿

消防红

深蓝色

▲白色与光可以创造出视觉的宽阔感，提高室内的明亮度，只要装点一些色彩就能让空间更加活泼。

副作用

使用金属光或珍珠光颜料，让墙面、地面和装饰壁板散发与众不同的光泽，将人造大理石、合成木板等粗糙的仿旧做法或障眼法统统丢在脑后，还不如运用幽默感来混搭颜色和家具。因为就工业风装修而言，为了效果去模仿效果只会造成反效果，效果无法取代质感！如果觉得墙壁太过呆板无趣，那就可以使用预染色的涂料为它增添立体感，不要太过于在意表面的整齐度。

经典的复古色

牛血红

香蕉黄

深灰色

橄榄绿

银灰色

灰绿色

深绿色

铁灰色

香草色

深灰绿色

有趣的颜色

草莓红

覆盆子红

黑加仑色

向日葵色

橘子黄

奇异果色

迷倒众生的粉彩色

玫瑰粉

灰黄色

鲜黄油色

象牙白

▶被颜料包装过后的家具变身为趣味横生的有轮柜子。

石灰、混凝土、油漆和清漆在这里以不同比例巧妙搭配，可以更好地强化原始材料的天然色调。

防护层 COATING

——质感加倍

使用从专业用途改造而来的“专业”防护层材料之前，有时必须进行无色、有色、消光或光亮的表面处理，用以保护墙体和提升保护品价值。这些细微的变化可以赋予传统材料迷人的风情与特色，对于营造热情的工业风有着不可或缺的意义。其中最重要的步骤是花时间研究承载物的性质，判断哪种类型的防护层最适合承载物，可以让使用期限变长，得到更长期的保护。根据载体性质找出的答案，永远最简单也最有效。

石灰做防护层让墙面会呼吸

石灰是“专业选手”般的存在，因为在过去它经常用来消毒工作场所，由于它能促进湿气交换，因此现在成为平滑砖墙或石墙表面的良好选择。白色的反射能力，让石灰具备很好的反光功能，也可以利用天然材料让其变成颜料，例如加入泥土或氧化铁就可以随心所欲地变换色彩，工法上也有使用亚麻微粒增加石灰的稠度。当石灰应用于厨房或浴室时可预防发霉，而且在上蜡之后虽然可以用水直接冲洗，但是如此一来墙壁就无法呼吸了。石灰是可灵活变通且耐火、耐用的灰泥，不会龟裂并且老化速度慢。请注意，以石灰为基底的灰浆只能用于孔隙表面和无瑕疵表面。如果不具备该条件，要先将表面彻底清洁除垢，直到得到适合“接纳”灰浆的表面为止。此外，也可加入黏合剂，用以确保石灰能够完全附着在裸混凝土墙面上。

轻盈的防护层

清漆是透明或有色并且有保护与美化的效果的保护层材料，且不会变质。我们通常选择 100% 可溶于水的溶液，一方面可为木头漂亮地上色，另一方面可保留混凝土的矿物质感。为了让拼接集成木地板变为茶色，会叠加涂层，巧妙地让颜色深化，且不会在原始材料上留下痕迹，以免损害它们原本的美丽。

有光芒的反射

- 石灰浆和具有磨砂感的清漆是低调的保护层材料，不会改变载体的外观。
- 工业地板涂料具有强大的覆盖能力，适合修补受损物品和品质平庸的拼接集成木地板。
- 在做保护层的时候，尽量采用有孔隙的防护，因为这样能让载体材料呼吸。

这[illegible]的[illegible]替代意大利马赛克瓷砖，仅仅使用混凝土和金属打造的浴室前卫独特的风情。

瓷砖 TILE

——用途多样

在以前，地板材质常会选择树脂合成地板，是以环氧树脂或聚氨酯为基底的不同配方，可用来保护贮藏空间的地板，其超强的耐用效果已历经几十年的考验！这种便于保养和修补的地板非常耐用，可承受搬运车每天的频繁移动或是体育馆中的无尽踩踏。明亮柔和的树脂，目前已有个性化的色彩，并且能够轻松应用在屋内各处。因为进行安装作业需要重型设备，所以务必交给工业地板的专业人士来做。现在地板材料还可以选择瓷砖，不仅可以用于地板还可以用于壁面。

传统的瓷砖

瓷砖有白色或其他鲜艳颜色，由于坚固耐用，可承受密集使用。巴黎地铁中的黑白矩形斜面瓷砖采用复古风格，并以条形的红色、绿色或蓝色封边，注入活力与生气。而集体使用的厨房就需要特别设计的防滑地砖。

美丽的当代瓷砖

大尺寸的深色壁砖搭配低调的密封接缝，给人一种迷人的安稳感。模仿钢材的瓷砖可以反射出金属光泽，为厨房或浴室墙壁制造精彩。因为质地紧致的大片花岗岩和黑色鹅卵石石板体量感十足，所以适合用作地板。大块黑色板岩或氧化板岩朴素中带着神秘感，与锌材质或浅色木头是天作之合。

◀大块的瓷砖板扩大了小浴室的空间感，并以耀眼的金属效果让浴室显得古朴绚烂。

▶这间浴室洋溢着黑与白的现代感，它使用了小型的玻璃瓷砖，以马赛克方式铺满整个空间。

新型智能砖

漂亮的外观、优异的性能、高效的安装，种种优点使得瓷砖成为快速装修不可或缺的建材，近年来技术的进步也让它们飞速发展。半透明、雕花或金属化的玻璃地砖令人惊艳，相比于同类型的铺面，展现出无与伦比的深邃透亮感。碳酸钙和树脂合成的创新地砖更加轻巧、无噪声与耐用，比起传统瓷砖保存热量的时间更长。由回收 PVC 制成的地砖具备高耐受性和可嵌入性，便于铺设和拆卸，搬家时可以拆卸带走。

第二章　格局

Chapter 2

景深 DEPTH——制作

开口 OPENING——调整

温度 WARMTH——创造

MONTANA
1
4
5

景深 DEPTH

——制作

如同布置 LOFT 风，第一步就是减少全隔断墙，打开视野以便更好地利用室内空间。挥挥手与墙壁说再见，让厨房和封闭的通道得以开放出来：让每平方米都为你服务。

释放隔墙开放景深

模糊内外分界线，利用镜像的手法、开放的空间以及地板材料的连续性，来消除屋内的隔阂，封闭式厨房和单纯的走道将成为历史。让自然光线充盈空间，首先将光线分配给一天中活动时间最多的区域，然后将屋内面积最小的部分打造成舒适惬意的私密空间。储藏室安排在避开外人的盲区中，就如同工厂中的仓库一般，既方便进出管理日常消耗性补给品，又能不受外界视线的打扰。尽量将家具缩减并集中在一起，空出一片清爽的空间，可以随兴地进行瑜伽、DIY、绘画、跳舞……可以通过内部或者外部的混淆，比如合理巧妙地使用镜子、完全地开放空间和地面材料的连续性来消除界限，从而最有效地利用空间。

▲将墙削减一半的高度用作护栏，使得客厅的空间得以释放。

采用部分隔断的方式摆放少量家具，保证起居空间具有良好的开放性。

传统的工作坊，有着整面墙的玻璃窗，可以给室内提供最佳的光照亮度。

开口 OPENING

——调整

有时候你需要保护自己的隐私或者只是想让自己静处一段时间，装修时会考虑改变墙的位置，可又不想过多地遮挡射入室内的阳光，所以我们可以选择固定式、移动式、滑动式、不透光、半透明、加装式等形形色色的隔断墙，它们既有助于过滤光线又可以调整空间。巧妙地安排门与隔断墙，在墙壁上设置局部开口则可放大透视感，而且无须拆除房间内的部分。

欢迎光

以前的工厂，在很大程度上是靠着头顶的玻璃钢天窗去接收自然光。开口的不同位置，可以改变家里与外界的视野，可以改善家中自然光的照明。阳光明媚的一天，家中就似乎有了更多的欢乐和温馨。窗户和门是建筑中有强大存在感的元素。钢的热传导性只有铝的 1/3，可以按照屋主的需要定制框架，在细节和精巧度上都有着无与伦比的美丽。不要犹豫是否去雇佣一个优秀的金属加工匠或是否找一个好的金属加工厂，因为这对于自己的家来说是一个长期的投资。

魔法门

门的选择有很多种，我们可选择隐藏在隔墙内的全开式伸缩门，实用且隐秘；或选择不需要门轴旋转空间的滑门，实现无痕衔接；在入口可选用厚重的大扇金属门，让人备感心安。我们还可以在透视上玩“花招”，在门板上装长门帘，让人分不清是门还是窗。如果想让门背更加活泼、让空间更加多彩，可以考虑磁性涂料或者同色系的双色涂料。雕刻精巧的民族风木门，在金属与混凝土构建而成的硬朗格调中别具一格。

▲这面玻璃隔断墙有着可调式开口和滑动的窗户，能够为婴儿房隔绝噪声和不必要的视线。

▲二楼的房间新开了个窗户并装上了木质的百叶窗，模糊了室内和室外的界限，还让二楼的房间通过这个开口更好地接收了自然光。

这扇钢制门厚重但不失明亮，镶嵌在像图书馆一样的书架中，既厚重又特别。

▲这面玻璃隔断墙有着可调式开口和滑动的窗户，能够为婴儿房隔绝噪声和不必要的视线。

不剥夺光存在的隔断墙

- 切断式：用矮墙遮挡角落的电视区。
- 艺术品：一张照片或篷布上的画作。
- 植物：竹篱笆或大型的向日葵制成的隔断墙。
- 类似南欧风：长条形器材或塑料条制成的窗帘。
- 再生物：使用塑料瓶盖和迷彩网制成的窗帘。
- 旧物：老式的伸缩式屏风。
- 纺织品：日常的窗帘，随着季节变换更换。

现代感十足的客厅，在规划时以壁炉和原本的金属通风罩为中心，成功地为这间由旧工厂改造的客厅营造出混搭风格。

温度 WARMTH

——创造

环保、天然、可再生的柴火炉迅速成为工业风居家设计取暖产品的核心。现在的壁炉和炉芯都是高效益设备，无须再像过去那样烦恼黑烟和烟尘。金属制炉和炉芯，安全无忧、功能优异，在北欧大受欢迎。

北欧风火炉更容易被人们采纳

高效益的壁炉和炉芯设备占地面积小，在已有的壁炉中安装更为简单，能够同时提升效能和安全性。柴火火炉、陶瓷暖炉、粒料炉、木质固体燃料……专门供应中央暖气，如果想要快速升温或持续保暖，不如把燃料槽换成柴火墙吧。

散热器也可以变得美丽

踢脚板型的工厂暖气十分适合大空间，沿着墙壁埋入的设计也较不引人注目。片式暖气体形庞大稳固可靠，已有一百多年的历史。最常见的品牌就是法国国有公司出产的散热器，使用拉丝涂漆金属制造，表面平滑或装饰洛可可式的花样浮雕，接上巨大的开关阀后更为华丽。有些现代暖气可以进行远程控制，并提供双重功能，可以作毛巾架，而其内部还可以加温，一出浴即可享受柔和的温暖。大型极薄钢板组成的超现代化暖气兼具美感、隐秘性和最好的功能性，就像一道划过墙壁的壮观的金属闪电。

购买

- 旧物回收商：老旧的工业风格暖气。
- 专业工匠：翻新的古老机型或好看的复刻版。
- 大品牌商店：现代机型。
- 专业品牌定制：未来或定制款机型。

一对轮子形状的炉腿和一根不锈钢大烟囱，让这个斯堪的纳维亚风格的火炉洋溢着美丽的色彩。

◀暴露在外面的复古暖气片，有很多意想不到的功能。

▲不隐藏的复古暖气片，制作成暖毛巾机，还有扶手的功能。

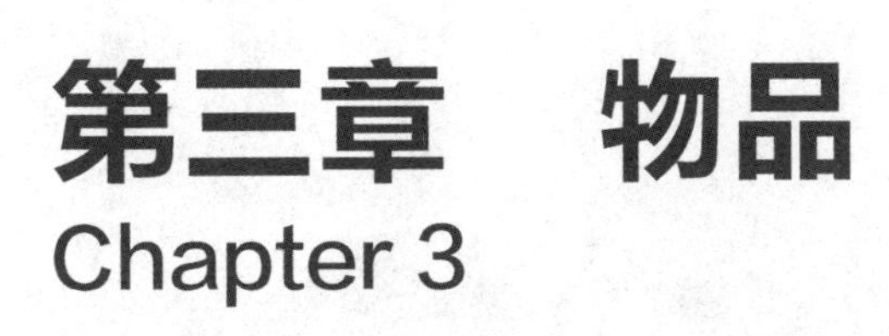

第三章　物品
Chapter 3

旧家具 FURNITURE——彰显时间的魅力

新工业家具 NEW INDUSTRIAL FURNITURE

——保留中的创新

照明设备 LIGHTING——系统且专业

工业产物 OBJECT——精准耐用

细节 DETAIL——调节修饰

外形简单的工业家具是现代设计的先驱，不仅具有十分前卫的特征，而且保有旧时的风格特色。

旧家具 FURNITURE

——彰显时间的魅力

员工更衣柜、邮局分拣架、药店的药柜、缝纫用品店的柜台……这些家具既实用又有着巧思，无论是构想还是制造都与艺术相称，它们专供各行业日常使用，十分结实耐用。这类坚固家具大部分是定制而成，能够满足各行各业的特殊需求，并且代代相传。随着小制造商的消失和大规模制造商的崛起，这些家具和配件逐渐遭到淘汰，这些身经百战的“收纳大将”转行改业居于居家要位。

旧家具风韵十足

旧家具和工作家具仍然有良好而稳定的使用功能，不管是被闲置，还是人们灵机一动想到它们，在我们这里，它们是真正具有新颖和诗意的东西，带有独特的印记，被赋予了新的意义。对于旧物爱好者有如天降至宝，迅速成为居家不可或缺的朋友，并充满了整个房子。如果喜欢木材的温暖感，小零售店的家具绝对能够带来意外惊喜，除了具备大量的抽屉之外，还拥有无可挑剔的人体工学设计。钢制家具散发当代气质，与 20 世纪 30 ~ 50 年代的现代主义风格和谐共处。

保留功能和改造家具

原来厨房中的砧板或杂货商的柜台现在都可以变成好用的工作台。在客厅或书房，放置银行柜台或印刷厂的工作桌、理发店或牙医诊所的扶手椅、电影院或剧院的整排折叠式座椅，绝对可以让人耳目一新。豆形椅背的工厂椅、牙医诊所或美术学院的凳子，都能提供赏心悦目的曲线。抽屉式标签档案柜可以快速找到鞋子、小件衣物、玩具、浴室用品、化妆品和药物（请放在孩童无法触及的上层抽屉）等，甚至厨房的各种香料。

卡洛琳 · 吉罗（Caroline Giraud）※ 的三大原则

- 选择老旧家具或改装家具。
- 将沉重、厚重、坚硬的材料（金属、混凝土、木头）与轻巧、灵活、纤细的物品（玻璃、纸、布）制造做对比，选择最适合的。
- 大胆地为家具重新涂上色彩明快的漆色。

※ 工业风装修商店 Carouche 的创办人。

这张古老的机械工作桌保存完整，可以提供大量储存空间。

◀细致孔板支撑的多格邮件分类架，可以做任何用途：书柜、鞋架、碗橱等。

旧家具使用前的注意事项

- 如果不打算保留旧家具的原貌，翻新的工程可是耗时又费钱的；
- 有些尺寸非常大的家具无法找到适合自己的位置，只有在非常广阔的空间才能发挥所长；
- 工厂或工具坊家具非常的沉重且难以移动，可能会损坏木地板或地砖等脆弱的地面。

▲▶无论二手家具的年龄多大，原始功能又是什么，它们都可以彼此混搭。所以一定要发挥自己的幽默感和奇思妙想，不过错落有致的搭配是大原则。

图中的家具有着稳固的底盘、厚重的线条和完美的抛光，这些以工业风为主要风格的新家具很偏爱天然或二手材料。

新工业家具
NEW INDUSTRIAL FURNITURE
——保留中的创新

工业风也许是冷淡而固执的哲学，也许是幽幽淡淡的美学，看似简单的线条勾勒出优雅的品位，不单纯、不纯粹，却又低迷而奢华。现在有些大品牌产品的好想法和创作常采用二手材料作为原料，经过精通古董的专家设计，再由优秀的工匠亲手制作……

◀这把椅子有着弯板制成的扶手，并在下方装有轮子，是典型的现代创作作品，这样的设计深受工业风的启发。

适应各种环境的专业家具

集体使用的家具可以营造出夏令营的气氛！凳子、椅子、体育更衣柜、鞋匠凳、 洗碗槽、喷水式水龙头、挂钩，这些坚固又多功能性的家具和物品，全都可以在餐饮、旅馆和团体设备专卖店买到。成衣商店用的挂衣架和展示架经过精心设计，承重量大并且可以高效地整理柜子中的衣物。花园家具散发出田园的气息，让人忘记它们其实坚固耐用，可同时应用于室内和户外。

发掘复制品、复刻品与灵感

- 今天我们销售的许多样式或作品皆以昔日各行业的古老家具为灵感。因此，酒吧的吧台和高脚凳、缝纫用品店的家具、厨师的工作台都成为室内摆设的经典之作，风靡城市与乡村。
- 如果复刻不能表现出当代家具的精神，那么还有其他的样式可选择。它们的尺寸适合现在室内的空间，绝对值得注意，而且还可以通过涂漆，更换把手或将台架包上锡皮保护层，轻松打造个人化风格。

风格再现

你是否正在寻找长度、高度都刚好的铆接金属桌台？你是否想将工作坊的窗户改造成镜子？你是否想使用木材制成比例适当的桌子？那么请去看看二手材料、手工饰面、限量品或定制品……现在就用满满的激情和优雅的品位来创造属于我们的工业风吧。很多好的想法和创作都采用二手材料作为原料，经过精通古董的专家设计，再由优秀的工匠亲手制作而成，这样的成品需求量在逐渐增加,其价格依然极具竞争力，可说是物超所值的。许多布置与装修公司也大多从工作坊家具中汲取灵感，不难在其中找到价格适宜的原创铁皮家具。

▶这张自然材质的咖啡桌由氧化金属和回收木材组成，与其他古旧的家具搭配得天衣无缝。

悬挂的白色纸吊灯像云朵一样，淡淡地谱成一首明亮纤弱的诗歌，使下方由原木和钢材制成的大桌子也变得温柔起来。

照明设备 LIGHTING

——系统且专业

可伸缩、可调整、灵活、美丽、坚固、工艺精巧，工业灯具能满足我们对照明的所有需要。珐琅反射镜、树脂滤芯、人造五金关节、平衡臂、钳夹扣件、铸铁基座、轮架……给予工业灯具样式许多灵感。

专业的照明

专业设计师爱德华·威尔弗里德·布凯（Edouard Wilfrid Buquet）、赛尔格·穆伊勒（Serge Mouille）、乔治·科瓦丁（Georges Cawardine）、玛利亚诺·佛图尼（Mariano Fortuny）在他们的年代所设计的照明灯具，为之后众多工业灯具制造开启了灵感大门。成功的物品有着同样成功的结果，现在有很多品牌公司都在复刻样式，比如 Jieldé 就推出了一款比较符合现代人品位的机械折臂灯，此款灯的灯身呈“之”字形，是一位老板为了帮自家工厂寻找配备，索性亲手发明的杰作。土地测量员的三脚架、矿工灯、电影院投影灯以及摄影用的太阳灯都能在家中找到它们的用武之地。大家可以去旧货店搜寻古董，睁大眼睛找寻折臂灯的零件或经典车的车头灯，也可以亲自动手制作出来。

光让我们看到工业风的不同视角

好的照明，可以让我们对家具和装饰品的大小有着不同的感觉。使用直接照明搭配间接照明，运用不同的颜色、亮度和光晕，就能将光影和对比当作游戏，游刃有余地创造出微妙的立体感，柔化工业风的刚硬线条。在日常生活当中，成功的人工照明能够适应每个空间的活动，依照季节完美地进行自动调节。冬天的自然光最微弱，可借机全面评估照明设备的有效照明是否能满足你的需求。请考虑选择可调节式和可变向式的照明设备，让家庭成员能够根据不同需求轻松进行调整。

可调节的大型吊灯惊艳全屋

这些沉重的巨大工业钟形罩灯是由玻璃或搪瓷金属制成，散发主宰全场的强大气场，需要有足够高的天花板以及加大强化的悬挂系统才能支撑。在餐厅，餐桌的上方放置可调式吊灯，其体型大、深度浅，在用餐时可以在桌面上投射柔和的光晕，并可依据需要进行调节，也可以在做功课时提供更直接的光线。使用调节器除了能够调整超大型灯具中正常灯泡的光线强弱之外，还能安装并调节大型素玻璃灯泡，让它们像一颗颗从天花板悬垂而下的水珠，营造出如梦如幻的诗意。

▲专业照明设备都配有光度调节器，能够调整光晕的强度和亮度，除了实用之外还可以制造出美丽的效果。这座罕见的巨大无影灯就是一例，照明时完全不会留下任何阴影区。

制作美丽的灯罩

在锌或铜制水管上用锥子凿几个洞，就能做出有着丰富装饰性的固定式狭长壁灯。它们可以间接散发柔和的光线，是用于卧室或电视机周围的理想选择。悬臂式机械结构的小型吊灯可以调节反射器的倾斜角度，改变照明方向，厨房工作台上方的工作坊壁灯则可利用伸缩臂来调节高低。

▲在厨房，华丽的巴洛克式分支吊灯有着充足的光线，与年代久远的拼接木地板相互呼应。

▲在锌制旧水管上扎一些洞，灯亮的时候光从钻孔中透出，有如繁星点点的夜空，让家充满了创意和诗意。

多孔铁皮制成的长形网罩可以轻松变为灯罩，并制成壁灯。

液态工厂的吊灯有着浓重的工业风气息，其中有些尺寸是适中的，有些尺寸却是异常巨大的，如果我们将它们放在一起，就可以制造出出乎意料的效果。

照亮角落的工作灯

工作灯能够消除普通灯具制造出的阴影，可以避免在烹饪、做手工艺品、缝纫、绘画时由阴影而造成的眼睛疲劳。建筑师、烤漆厂与金银工匠的专用灯就像无影灯或手术灯，能够在工作台上投射直接又精准的光晕，让使用者在工作的时候少些障碍。在舒适的沙发上方，如果设置一盏有着悬臂平衡支架的高脚落地灯就可以照亮整个阅读区域，让晚上的阅读更舒适。若预算不够，那也可以在建材供货处寻找黑色、红色或金属色的新机械折臂灯，既平稳又坚固。

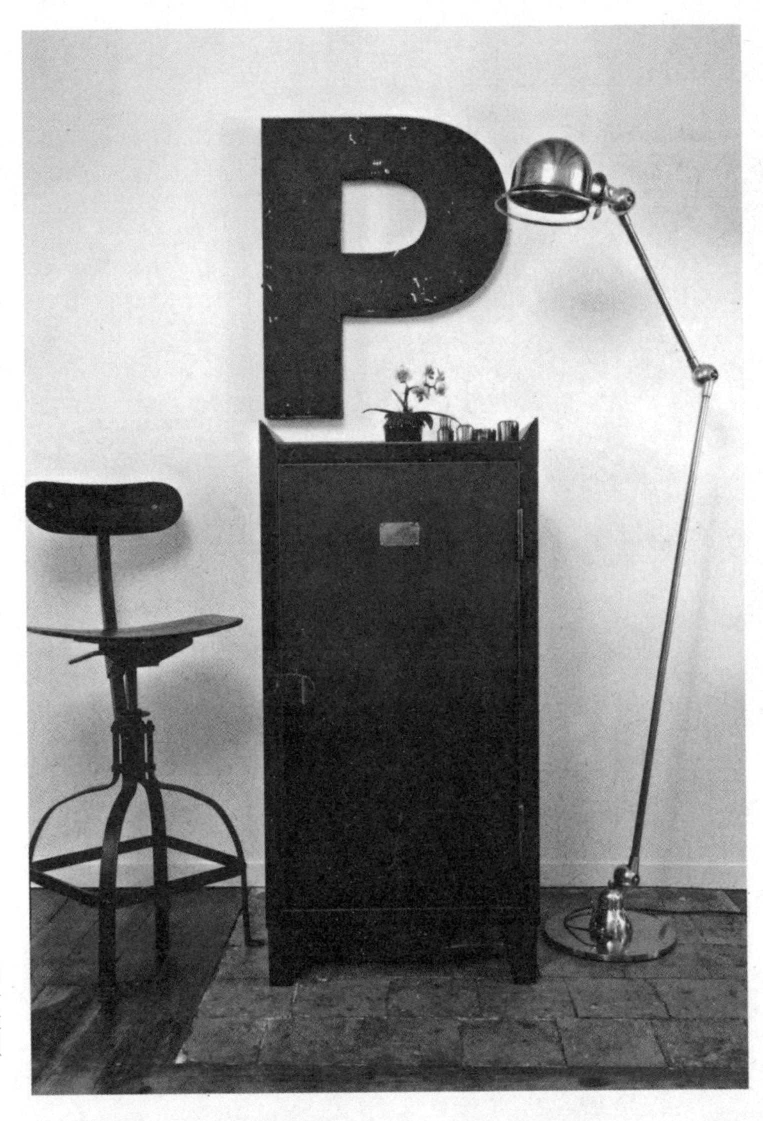

▶这盏机械折臂灯（Jieldé 品牌）是工业风的标配，本是一名机械工程师为解决自身需求所设计的，从 1950 年问世以来，就一直受到人们的欢迎。

25 56
MARDI
29 MARS

工业产物 OBJECT

——精准耐用

民族风格物品（面具、木头雕像、民俗物品等）、工厂钟表、招牌上的字母、回收改造物品、特殊的工业产物……它们都是工业风中不可或缺的单品，让室内有着更多的个人特色。

民族的物品

面具、木头雕像、木头饰品、传统乐器、节庆灯笼或雕工精美的门扇……这些全都是祖传技艺的见证，也是只有通过旅行才能找到的物品。

旧招牌上的字母

以前装设在商业建筑外墙的美丽金属制的字母，或是木制印刷字块，它们虽然都是一些不成字句的字母，却饱含遗留下来的怀旧技艺，在墙上甚至地板上布置一些，也是美不胜收的。墙上挂一块金属板或利用模板漆上文字，就能点明空间的主要用途：餐厅、工作坊、咖啡馆、图书馆……或者在自己喜欢的房间的墙上拼出自己的想法。

各种各样的钟

布里耶（Brillié）、兰伯特（Lambert）、吉罗（Giro）、阿托（Ato）、勒波特（Lepaute）……我们曾经在火车站和公共场所看到这些美丽的圆形物体，它们把时间告诉给所有经过的人，记录着似水的年华。有时候会以原来的地址为钟命名，只要钟芯还能转动，这些尺寸巨大的时钟就仍能精准运作。

弗雷德里克·丹尼尔※（FRÉDÉRIC DANIEL）的三个原则

- 将经典家具与工业风古董家具做混合搭配。
- 陈列的每一件物品都应该扣人心弦且洋溢着个人色彩。
- 留意那些兼具精巧、精细和精彩三种特质的物品。

※ 古董店“ZUT”的店主。

火车站美丽的时钟见证的似水年华。

LIFE
GAZ

天空（CIEL）、爱（LOVE）、海岸（RIVAGES）、梦想（RÊVES）、阅读（LIRE）、喜悦（DÉLICES）……可以利用旧招牌上的字母，按照心情在墙上拼出各种文字或符号。

奇特的收藏品

像是陈列在古老的由玻璃制成的医学柜中的收藏品，给人一种性感、神秘又令人不安的感觉，让人欲罢不能。有些旧货商和古玩商是这方面的专家，他们经常光顾各种店铺，总能找到令人目瞪口呆的奇特藏品，常让人大开眼界。其实睁大你的眼睛，不放过任何一个细节，你也可以找到适合自己的收藏品！

令人兴奋的收藏品：昔日的医学用品，例如牙医与外科医生的工具、听诊器以及大学医科教学用的半身像等；钟表店的玻璃罩，以往用来防止钟表等精密器械沾染灰尘，现在拥有了新的用途，有些店铺用其为 20 世纪 50 年代的滑稽金属机器人圈出一片无尘天地；大自然的幽默杰作，例如骸骨、化石、废弃鸟巢、贝壳、奇形怪状的石头、漂流木，以及其他天然的异秀珍品，如羽毛、兽角和动物标本，当然前提是不能伤害国家保护类动物。

◀美丽的古董搭配风格独特的收藏品，营造出别具一格的浪漫气氛。

回收后创新改造

很多热爱工业风的人都喜欢从街上和旧货商那儿找到有趣的小玩意去装点自己的家，还喜欢将二手物品重新改造，可以说是旧物再生的先锋群体，而这些物品也在不同格调且特立独行的装修风格中获得新生命。大批脆弱易碎或奇形怪状的物品加上无心插柳的循环再生，发展出这股快乐且投大众所好的怀旧风潮，这一切像是对美丽的挑衅，让严格刻板的工业化产品有了天翻地覆的变化。

▲可移动的机械抽屉可制作成储物柜，便于堆叠也可以塞在任何一个地方，收纳一切零散物品。

当代工业精神

- 工业风是产品制造商设计的永恒灵感来源，可以从中发现更多的新品。
- 那些漂亮又实用的日常用品小配件都是限量商品，至今仍广受喜爱，在专业的艺廊中可以找到它们的踪迹。

▶将原本隐藏的模具暴露在外，成为美丽的装饰物。

小酒馆的餐具

陈列整组水瓶、盘子、广告杯与碗碟……这些最能代表欢乐宴饮的大众文化的小配件，为厨房带来露天咖啡厅和饮酒跳舞的热闹气氛。喝开胃酒时，橄榄核和牙签也让陶瓷大烟灰缸获得了重生的机会。

THE SELECTER

细节 DETAIL

——调节修饰

改造插座、门把手等小细节的样式或材质就能改良工业风的效果，善用织品、皮革等软装配饰，柔化工业风硬朗严肃的线条，也让色彩融入钢铁的氛围。

可当作装饰的插座

现在不再用盖子去遮盖插座，而是利用各种颜色、材质、尺寸让它们大放异彩，以华丽的外形赞颂电的到来。

拉丝金属、黑镍、抛光和涂漆的黄铜、透明或色彩鲜艳的玻璃，为这些长方形的大型照明控制装置穿上了华服。装置上包含许多双路开关或按钮，圆形掀盖式插座以两个或四个一组的形式高调地一字排开；镶嵌在地板中的，可以做成隐形插座，低调地用漂亮的钢质掀盖加以保护。

◀专业插座是专门为了密集供电而设计的，以持久耐用为最高宗旨。

◀这些大的电气调质器被保存了下来，它们保存着旧时建筑物的记忆。

▲▶可以在材料回收商那里找到搬运用的把手和零件盒这样的宝贝。

华丽的工业风门把手

为了营造浓浓的工业风效果，我们会改造工厂内有专业感的门把手，比如超过正常尺寸的火车或地铁车门的把手，或是老旧冷藏库的铰链式机械装置。而钢壳或陶瓷球形门把手也能打造复古工作坊风格。如果想要更现代的外观，可以采用玻璃材质或鹅卵石的样式。

靠垫、地毯、旅行毯……调整风格

想使用不同的材料在工业风中营造视觉冲击力，可以考虑搭配格调甜美的配件或色彩缤纷的风格单品。多功能的超大型帆布抱枕就算放在地板上也没关系，可供阅读或看电视时使用，甚至当作小床让小朋友睡觉。小抱枕上可以绣上充满爱意的话语，乖巧文静地排列在沙发或床上，或是将丝绒长枕绣上地图，既有艺术氛围又可营造成熟优雅的质感。在地面上，铺上编织的羊毛地毯，可以带来真切实在的舒适感受。亮丽的塑料线编织席也适合各种地面，可与五颜六色的小尺寸拼布相互交织出一个个小方格。我们把小格呢披巾铺垂在房间的每个地方，用它毛茸茸的温暖感来软化那些过分方正的沙发棱角，或是在暖炉旁的椅子上铺一张羊皮，地板上则可以放上货真价实的牛皮（动物保护者可选用仿制品铺设）……

▶经过干燥的巨型大黄叶片，成为整个房间的点睛之笔。

KUB
OR
la vie et
CHOKY

1
5
2
19
7
16
20
18
17

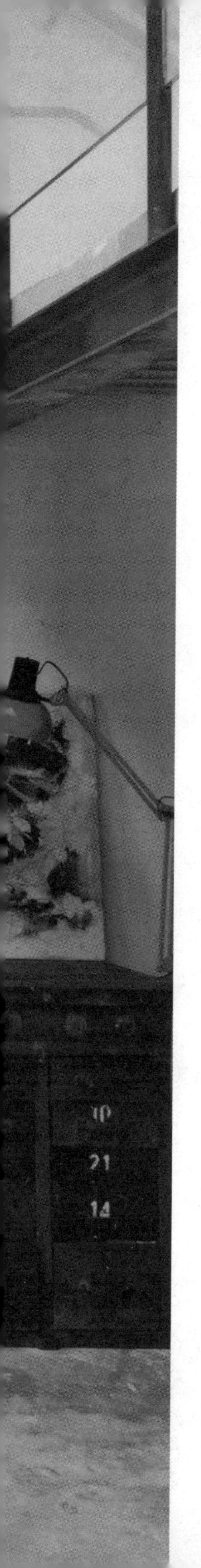

第四章　空间
Chapter 4

公共空间 PUBLIC SPACE

工作空间 WORKING SPACE

休憩空间 PELAXING SPACE

不同的材料在景深中做着透视的游戏，打开了客厅宽阔的视野，入冬后全家也能在这里围着炉火，共度美好时光。

公共空间
PUBLIC SPACE

大家会习惯性地将家中最大的空间作为公共空间，并对这里进行规划，让它更容易适应所有家庭成员开展各式各样的公共活动。而在规划中，明亮简洁便成了主要目的。

I NEED
YOU

通过改造后的工厂家居与自然色系构建出极为优雅的工业风格，将19世纪公寓的时代感突显了出来。

◀这间干净整洁的厨房采用柔和的色彩和方便整理的材质，为家人的活动提供了洁净的空间。

大的起居空间

明亮的大空间是家最重要的位置，在这样的空间中应该摆脱一切冗杂，可以采用各种模块对这里进行规划，让它更适合家庭成员开展各种活动，比如一张裁缝用的大桌搭配可调整高度的工厂吊灯，既适合用餐又可供孩子做功课。很多厚重庞大的工业风家具可搭配小型套桌、折叠椅、可折叠的小凳子和有脚轮家具，可以让家具功能得到完善，让家具容易移动有变化，并且让收纳的储存量得到满足。一件伟大的工业风作品需要设计师具备浓厚的实用意识、秩序感和幽默感，再加上少许的复古风情，这些都是打造工业风优雅惬意的氛围不可或缺的元素。

在这间传统的巴黎公寓中，用彩色马赛克地砖拼贴出原有隔墙的位置，形成了区隔，让厨房的视觉空间变大，并与客厅相通。

厨房

厨房是享受美食与交流的空间，以简洁开放的方式规划在起居空间中。设计厨房需要先拼凑家具：混凝土工作台、错落搭配的工业风家具、20 世纪 50 年代的“富美家”（Formica）塑料贴面（例如美耐板）家具，在洋溢着波西米亚精神的工业风厨房中尽情地混搭、运用二手家具和堆叠不同材质。如果想为现代化厨房融入完美的工业风元素，我们可以运用大量高品质建材，例如可丽耐®、蜡质混凝土、玻璃或钢铁就可以实现。实用的不锈钢厨品在布置时可采用专业餐饮设备的材料，用以展现它们的实用性。我们住的地方比较小怎么办？大多数品牌的家电现在都提供尺寸小巧的不锈钢机型。无论如何装修，都要考虑为工作台加装固定脚和防撞角，既为了舒适，也为了孩子的安全。

▼▶营造工业风的四大要素：不锈钢、木材、混凝土、改造单品。打造出快乐友好的厨房空间。

GUINNESS
AS USUAL
ETBE

工厂家具和酒吧家具在这里成为了“盟军”，一张优雅的酒吧桌和一把托利克斯（tolix）椅布置出严谨又舒适的工作环境。

工作空间
WORKING SPACE

工业与工作本就是“焦不离孟”的关系，典型的工作空间必然离不开机械折臂灯、旋转椅、制图桌等工业单品的点缀，通过巧妙的布置将经典贯穿始终。

一块透明玻璃放置在两个网格结构的架子上，形成一个有透视效果的办公空间。

书架设计

书籍与唱片也具有很强的装饰性！可以借用专业陈列架的灵感，给予它们一片美好的空间。预算很紧张怎么办？那就运用“积木”堆叠法吧！因为质量足够，所以砖头、空心砖、回收屋梁与木板不需要特殊的固定件就能组合装配。如果想要安装一整面墙的书架，可以选择自行组装式，如果选用价格不高的镀锌铝安全收纳架，能承受的质量是可观的。银行、药房或杂货店的多层架也提供了绝佳的改造的诱惑。轻巧实用的气泡混凝土能够轻松构建各种尺寸的壁橱，用来轮流摆放唱片、别致的小摆设品和书籍。也可以考虑将部分书架作为隔板，或一物两用的可能性，比如正面还是唱片架，背面却可以做更衣室。

办公室设计

工业风原本就是因为工作而设计！旋转椅、可倾斜桌与机械折臂灯都是物美价廉的好单品，可用来巧妙布置功能完善的非典型工作空间。经典的小型铁皮档案柜装上轮子，正好可作为辅助办公用的文件柜，用来收放纸张、文件和笔记本电脑。既别具巧思又具有装饰性的建筑师桌可将桌面倾斜，提供良好的舒适度，使人在工作时更轻松；也可利用小学校园使用的斜面的木书桌为书房打造怀旧气氛，用校长桌营造威严形象；以美国银行家的办公桌来制造复古豪华的氛围……车间的工作台能够搭配各种地面、地形，它支撑你一次性完成一两件棘手的工作是不成问题的。

▲现代感十足的金属书架，可以直接使用工业储物架，也可以用铁皮直接折叠而成。

丝绒、木材和钢铁，不仅保留了工业风的硬朗，还存有几丝柔软的静谧。

休憩空间
PELAXING SPACE

步伐匆忙的时代，人们回到家中已经不再满足于卧室里一张床所带来的睡眠休息，更希望自己的卫浴、露台、花园都成为休憩的空间。实验室的小柜子、洋房的小型壁柜、医院的床头桌……打造出一个充满工业风格的环境，并在墙壁与地板之间运用材料的延续性，让休闲的气息充盈每一个角落。

承载舒适的睡眠

卧室中应采用柔软、天然的材质与平静、抚慰人心的色调……不论什么风格的卧室都是以休息为主，房间风格自然是以床为中心进行布置，工业风格也是如此。这种风格对于空间的光线尤为讲究：利用像舞台幕布那样垂地的长窗帘柔化与筛滤光线；在床头柜摆上一盏机械台灯，借着灯具投射的直接光线阅读，不必担心干扰枕边人。如果空间配置是让卧房面向起居空间，就要利用部分隔墙遮挡寝具，隔绝外界视线以保护个人隐私。一张医院床头桌、一套铸铁暖气、几个经过沸水处理的特硬纸板盒，这些物品都能低调地增添几许铁汉柔情的工业风气氛。

▼床头的墙壁是将混凝土浇筑在浮雕木模板中形成的造型墙，制造出凹凸有致的效果。这类工程必须在温暖甚至炎热的环境下进行，才能获得细腻明亮的灰色。

▲低垂的铁网式吊灯作为床头的阅读灯，避免了夜晚干扰枕边人的休息。

▲狮爪浴缸是这间浴室整体装饰要素之一，而经过缜密考虑调整的洗手台高度适合所有家庭成员使用。

卫浴

实验室的小柜子、药房的小型壁柜、医院的床头桌、锌板……利用它们，你可以选择将工业风卫浴打造得富有功能性、现代感或混搭感。卫浴是必需的放松空间，常与卧室相通以增加空间感和明亮度。洁白无瑕的瓷砖、莲蓬头甚至地板都会显得非常干净，只需要用拖把就能迅速清理。瓷砖、玻璃粉烧砖、板岩地或卵石地等，现代化的工业风卫浴主打灰、黑、白色调的矿物感。旧式浴缸的圆润厚实的线条与浅色拼接集成木地板、水龙头和锌制收纳箱完美契合。

露台和花园

将植物种在室内外营造出不同的风情吧！如果想要天然纯朴的效果，就请选择乡村风格的植物，可以种植香草植物、多肉植物、葡萄藤、草药或向日葵等。如果偏好诗意空间，就可以种些莲花、兰花、日本侏儒樱花等，可以平添几许异国的柔情。如果喜欢实用主义，那就让绿色的花草植物生生不息并且加以修剪整护。如果只爱怀旧风情，那就选一些脆弱纤细的干燥花朵、枝干和叶片，让人看着就能陷入回忆去追忆似水年华……如果想要用花盆栽植，就要设法将其隐藏，或者选用有修饰作用的花盆，可以考虑使用混凝土、锌、氧化金属等材质制成的花盆，或将庞大的花盆藏在柔韧的白色的建筑水泥袋中做装饰。植物也可以用来调节、规划空间，如修长的竹篱或棚架植物。如果想要扩大空间，别忘了保持室内与户外的模糊分界线，在墙壁与地板之间运用材料的延续性。

◀▲混凝土、砖、金属和玻璃材料是制造温馨气氛的好搭档，将这个老工厂的天井变为优雅的阳台。

温暖的木头与古旧的砖墙让这个古旧的仓库变成了优雅的阳台。

RENSEIGNEMENT
ART

实践手册
CAHIER PRATIQUE

二十位经典设计师名单
DESIGNERS

这是一份 20 世纪主要设计师名单，他们洋溢现代感的功能主义作品，深受工业风影响，当中部分杰作今日已飙到天价。不过，仍有可能在旧货商那里偶然找到几件过去作为政府量产的实用性家具。

●贾克・阿德内特（Jacques Adnet）：
建筑师及室内设计师，首度以金属、玻璃与皮革创造出极致优雅、现代与经典的几何形家具。

●马塞尔・布劳耶（Marcel Breuer）：
建筑师及设计师，德国包豪斯建筑学院的高才生，B3 椅的设计者。此椅款创造于 1925 年，是史上第一张折叠钢管椅，后来赠予画家瓦西里 · 康定斯基（Vassily Kandinsky）。

●勒内・让・卡耶特 （René- Jean Caillette）：
康希尼椅（Coccinelle）之父。此椅款由玻璃纤维椅壳与黑色漆金属管椅脚构成，在 20 世纪 50 年代末由史坦纳公司复刻发行，获得极大轰动。

●乔治・卡沃迪恩（ George Carwardine）：
英国实业家，其公司专门制造车用悬吊系统。他于 1933 年创造出著名的机械折臂灯（Anglepoise）。

●让・路易・多梅克（Jean- Louis Domecq）：
于 1950 年创造 Jieldé 灯具（灯名来自其姓名首字母 J、L、D），用作其工厂的机械装备。机械折臂和反射器周围的保持环有助于轻松操作，结实的固着器则方便灯具随处安装。到目前为止，还没有任何灯款能在可靠性、巧思度与实用性方面超越它。

●查尔斯・伊姆斯与蕾・伊姆斯（Charles et Ray Eames）：

传奇性的美国夫妇档建筑师、室内设计家与导演。他们致力于构思与研究物美价廉的现代家具，希望能够让这类家具更亲民并得到普及。

●皮埃尔·加里什（Pierre Guariche）：

家具与灯具创作者，曾创造出两件获得极大回响的 20 世纪 50 年代风格代表性作品：风筝落地灯（Lampadaire Cerf-Volant）以及使用压模胶合板制造的“桶形”阿姆斯特丹椅（Chaise Amsterdam）。

●阿诺·雅各布森（Arne Jacobsen）：

丹麦建筑师及功能主义设计师，也是有机现代主义的发起人，开创了所谓的斯堪的纳维亚风格：优雅简约但不失功能性的线条，搭配天然舒适的材质。他所创造的蛋形扶手沙发是 20 世纪 60 年代最具代表性的作品。

●皮耶尔·让纳雷（Pierre Jeanneret）：

瑞士建筑师及设计师，与表哥柯布西耶共同发明了具备下列五点特色的新建筑风格：单柱支撑式底层挑空、屋顶花园、自由平面（隔断不受建筑基本架构限制）、横向长窗和自由立面（不负责支撑建筑物）。

●保罗·拉斯兹洛（Paul Laszlo）：

美籍匈牙利建筑师、设计师及室内设计师，专精于商店与顶级办公室布置。他的风格特点为流畅的线条以及非典型色彩的使用，许多商店设计师至今仍深受他的影响。

●勒·柯布西耶（Le Corbusier）：

是建筑师、都市规划师、画家与作家，原籍瑞士，后来入法籍。从 20 世纪 30 年代开始，他以结构严谨、提升人类福祉的纯粹主义风格领导潮流。LC2 沙发椅是柯布西耶式风格（Corbu）的代表作，由柯布西耶、夏洛特·贝里安与皮埃尔·让纳雷联手制作，直至今日依然在市面销售，风华历久不衰。

●马修·玛特果（Mathieu Mategot）：

设计师，从业初期为拉法叶百货的橱窗设计师，自20世纪30年代开始使用藤、金属或洞眼铁皮创造精巧有趣的家具和日用品，并进入工业化量产。长崎椅（Nagasaki）、科帕卡巴纳（Copacabana）扶手椅以及圣地亚哥（Santiago）扶手椅是他最出色的作品。

●约瑟夫·安德烈·莫特（Joseph- André Motte）：

巧妙选用传统材料（金属、藤、木头）创造符合人体工学、经济实惠、洋溢现代优雅质感的家具。他与皮埃尔·加里什和米歇尔·莫提耶（Michel Motier）共同创建了造型艺术研究工作坊（Atelier de Recherche Plastique），是法国工业史上最著名的恋物风格室内设计师。法国地铁的座椅便是由他设计的，至今仍在使用。

●乔治·尼尔森（George Nelson）：

建筑师、平面设计师与作家。这位展现未来主义愿景的创作者热衷于趣味性造型以及在家具上运用新材料。

●野口勇（Isamu Noguchi）：

美籍日裔雕塑家、室内设计师，以鱼鹰为灵感创造出Akari系列的气泡形或篮形纸灯。

●泽维尔·波沙尔（Xavier Pauchard）：

铜工艺专家与涂釉冲压铁片团体家具制造商。囊括各大咖啡馆稳定、坚固、可堆栈的Tolix品牌单椅、扶手椅、凳子和桌子，以及诺曼底大型渡轮的甲板。

●皮埃尔·波林（Pierre Paulin）：

室内建筑师，工业家具与物品创作者。他将椅体塞满泡沫塑料，外罩弹性布料，发明出两款舒适的扶手椅，正是名满天下的郁金香椅（Tulip）和蘑菇椅（Mushroom）。波林担任索耐特（Thonet）和 Artifort 的设计师，以缤纷多彩的创新风格在 20 世纪 70 年代装点艾丽榭宫、罗浮宫，以及其他显赫的建筑物和公司行号。

●夏洛特·贝里安（Charlotte Perriand）：

建筑师及前卫设计师，专精于室内布置。她是提出模块式居家装修与工业材料（例如钢管）转用途的先驱，借由这些工业材料制造出优雅随兴的金属家具。

●让·普鲁韦（Jean Prouvé）：

铁工艺家，自学成为建筑师，也是用型钢铁皮搭配木头制造功能性家具的创作者。他从工业与技术层面针对构造进行深入研究（例如型钢结构、板件组式帷幕墙、可见构造元素、弹性室内空间等），但完全无损其手工与艺术创作的鲜明品味。

●拉菲尔·拉弗尔（Raphael Raffel）：

室内建筑师。他于 20 世纪 50 年代初期确立其绝对实用性与现代性风格之前就已举世闻名。 他利用坚固便宜的材料（例如金属或 Formica 塑料饰面板材）建构出的作品，主要作为安东尼（Antony）大学宿舍以及邮局办公室的设备。

工业风必备特色单品
ITEMS

成功打造工业风氛围，你需要睁大双眼，寻找烙有生活印记的、拥有故事的物品。最漂亮的物品往往费用不菲，但通常经过旧货商精心又专业的修复。你可以趁着阁楼清仓拍卖，或者在街上遇到物品回收时发现意外惊喜。不论你的预算有多少，请一定要改造这些物品或加以混搭，使它们过上新的生活。

元素 1：机械工作灯、壁灯与吊灯

- 建筑师机械工作灯。
- 吊钟式或蘑菇形工厂吊灯。
- 直接放置式或脚架式影院投影机。
- 金银匠专技灯。
- 外科无影灯。
- 烤漆厂工作灯。

参考品牌

Anglepoise Carwardine、Artemide、BBT、Bucquet、Cremer、Fortuny、Gras、Holophane、Jieldé、Jumo、Lita、Mazda、Mouille、RG Levallois、Sammode……

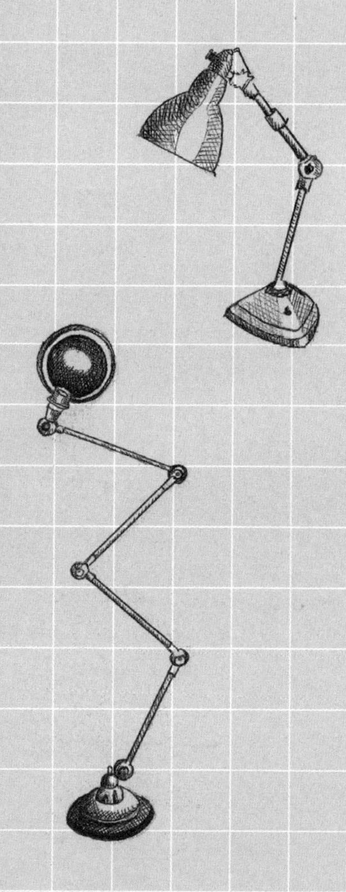

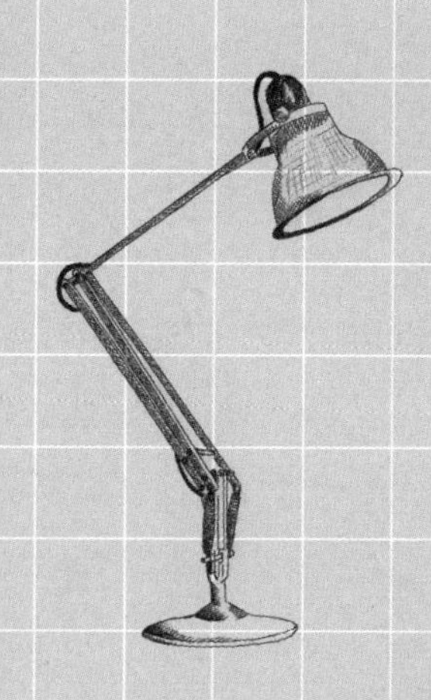

元素 2：装饰物件

▶异金属招牌字母。

▶烟草店锥形招牌。

▶釉彩或网版印刷广告烟灰缸和水瓶。

▶生锈产生旧化效果的滑轮装置、机械关节和机械。

▶精细易碎的意大利吹制玻璃水瓶。

▶古旧的皮革、金属或木制运动用品。

▶乳白玻璃吊灯坠片。

▶怀旧铁皮玩具。

▶以木头、铁皮或上色石膏制作的橱窗模特头部模型。

▶圆形凸面哈哈镜。

▶点唱机、桌式足球、桌球、弹珠和酒吧游戏。

▶工业广告物品，例如米其林轮胎宝宝“必比登”（Bibendum）。

▶金属明信片陈列柜。

▶肉铺或香肠干肉铺的挂钩或棒子。

▶珐琅涂层铁皮板上的印刷广告。

▶有城市标志、旧的行人红绿灯的物品。

▶航空或汽车的旧机械。

▶工作制作的，或金属制的，或木制的敞口盒。

▶直接放置式或支架式的裁缝用半身模型。

▶制帽用头像和制手套的模型手。

▶加油站的加油机。

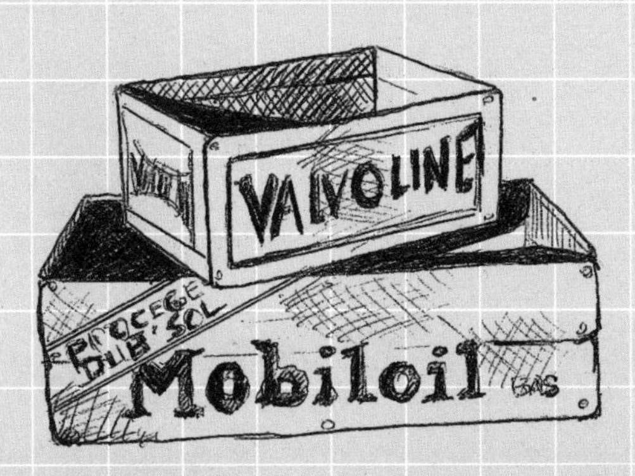

参考品牌

嘉实多（Castrol）、Chanteclerc、雪铁龙（Citroën）、米其林（Michelin）、Mobiloil、Motobecane、摩特（Motul）、Siegel & Stockman、Ricard ……

元素 3：电动公共钟

这些尺寸超大的圆形或椭圆形时钟，有时会以装配它们的工厂命名。

参考品牌

Ato、Brillié、Deho、Gamier、Lambert、Lepaute

元素 4：技术用品

▶粗保险丝、卷筒与工厂电气配件。

▶日用品铸造厂的模具。

▶科学仪器或航海仪器。

参考品牌

Butterfield、Guichard、Negus、Richet……

元素 5：奇珍异物展示柜

▶世界地图、学校用或医学用海报。

▶原始动物材料（角、皮革）。

▶超大型干燥植物。

▶不透明玻璃制成的一整套实验室瓶罐。

▶古代的医学仪器。

▶美术石膏像临摹。

▶ 19 世纪初的铁制鸟笼。

▶肉店招牌：马、猪、牛或公羊头。

▶怪兽型滴水嘴。

▶民族风古董。

▶趣味或滑稽的银版摄影。

参考品牌

Armand Colin、Deyrolle、

Lebègue、MDI、

Nathan、Rossignol、

Vidal、Lablache……

元素 6：工厂、工作坊或办公室家具

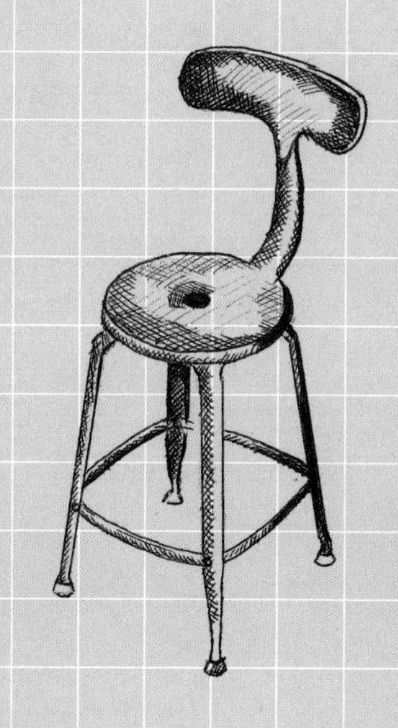

▶可堆叠式铁皮椅和无扶手高背矮沙发椅。

▶ 20 世纪 60 年代的豆形椅背铁皮工作坊椅。

▶金属办公室桌椅。

▶源自美国的 20 世纪 30 年代旋转扶手椅。

▶可调式学习凳，配备金属踏板和木制旋转椅座。

▶滑轮椅，高度可调，椅背可摇动。

▶理发店和电影院扶手椅。

▶邮件分类架和升降凳。

▶工厂更衣柜。

▶布商桌。

▶绘图桌，可借由液压踏板调整高度。

▶政府机关的木制或金属制办公桌。

▶政府机关金属家具。

▶文件柜式、帘门式或抽屉式家具。

▶铝制安全储物架。

▶医用玻璃柜。

▶部队食堂的桌子和凳子。

▶实验室瓷砖台。

▶机械技工或金银匠的工作台。

▶餐馆和酒馆的吧台。

▶银行柜台。

▶推车篮和矿工推车。

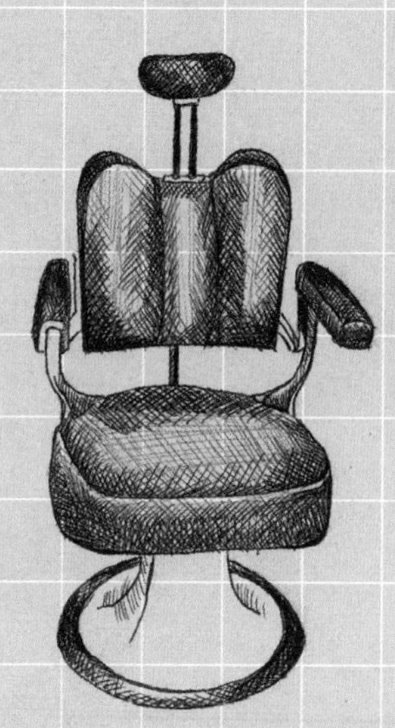

参考品牌

Bienaise、Flambo、GDB Alcopa、 Hansen、 Kartell、 Manufrance、 Manutan、 Herman Miller、Pauchard、Ronéo、胜家缝纫机(Singer)、Standard、Strafor、 Thonet、Tolix、Vitra……

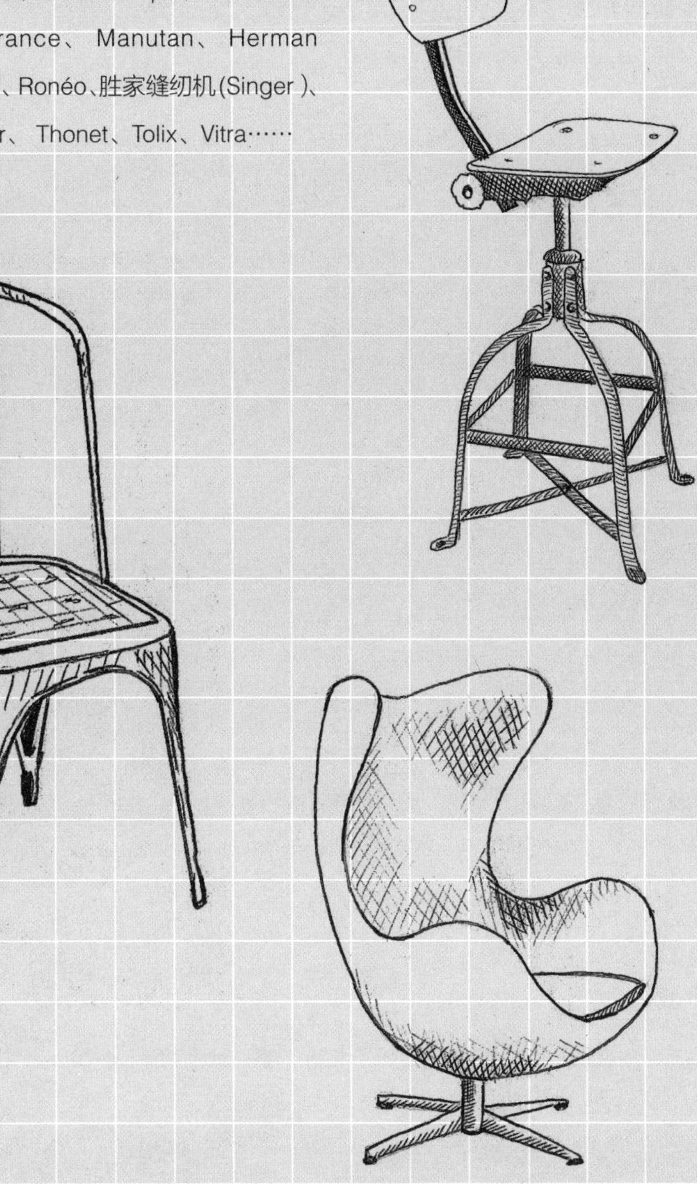

DIY 小诀窍
DIY TIPS

此处提供几个点子和配方，帮助读者打造出富有个人特色的工业风室内装修，另外请千万要注意：下文中使用的方法通常都具有危险性，有些物品改造时务必打开门窗，保持良好通风，并且穿着长袖衣物，佩戴橡胶手套、面具和护目镜作为保护。

夜蓝钢效果做法

以下是塞德里克·吉东（Cédric Gidoin）提供的配方，他是一名喜欢使用钢材和木头的创作者。请按照下列做法创造美丽的深灰色钢：

使用砂轮机为钢材擦锈除垢，然后用砂纸去除除垢的痕迹。一边沾湿钢材表面，一边进行抛光，逐步增加砂纸细度，直到表面光滑无瑕为止。

使用海绵擦上丙酮，等到表面油污完全去除之后，涂上一层赤铁（棕化剂），然后用清水冲洗。接着涂上单一组成物清漆或亚麻油釉料（1/3 油、2/3 松节油加 4% ~ 7% 干燥促进剂）作为保护。也可使用玉油（huile de Jade）做小面积防护，这种油品效果优异，但也十分昂贵。

保养金属

●铜：将 1 升白醋加入两大匙粗盐煮沸，将这个溶液涂上待清洁的物品，然后用热水冲洗。最后以抹布擦亮。
●温和清洁不锈钢：将海绵浸入温水与白醋 1 : 1 的溶液中，然后用海绵进行清洁，之后再以软布迅速擦干表面。也可以用切成两半的马铃薯搓擦。

●保存锌的美丽光亮银色：利用海绵的硬面搭配白醋清洁表面，然后用水冲净并涂上一层黑肥皂。

●让铸铁增黑并加以保养：用钢丝棉好好刷洗，再用抹布把粉尘碎屑拭净，然后涂上一层黑蜡，接着擦亮。铸铁会吸收蜡的油脂，所以不必担心弄脏衣服。

让金属氧化

将浓盐酸与水以 3 ： 7 的比例稀释，用这个稀释溶液涂满表面，然后让它自然风干。重复上述步骤直到获得想要的效果，最后使用亚麻油作为稳定剂。

请注意：盐酸具有危险性，务必戴上护目镜和手套。正确做法是将盐酸倒入水中，而不是将水倒入盐酸，否则会造成剧烈化学反应。

金属上色教学

贾克·米歇尔（Jacques Michel）于 20 世纪 30 年代写下《为金属上色》（*La coloration des metaux*）一书，由让·西里尔·戈德弗鲁瓦（Jean-Cyrille Godefroy）出版社发行，是了解金属上色技巧（烧蓝、旧色效果、氧化、大理石纹、虹晕效果）的完备佳作。

用食物自制涂料配方

马铃薯、橄榄油、鲜乳酪……何不自己烹制经济又环保的完美涂料，可以应用在石膏、木头或砖头上！寻找涂料和漆料配方，以及无比实用的调制建议，可以尝试这个网址：www.espritcabane.com，只不过都是法文。

让木头焕发光彩

一定要好好打磨木头，从去除残留涂层开始，然后仔细清理粉尘。

（1）针对软木木材：用高浓度漂白水溶液清洁。但请注意，这种溶液会烧坏木材的纤维，造成木材提前老化，所以请确定这是你要的效果。

（2）针对非软木木材：
使用草酸：在 1/2 升的热水中溶解 100 克的草酸，然后用尼龙刷或海绵将溶液涂上木头表面，让溶液作用两个小时后，再用清水冲洗。放置干燥一天，然后用加入 1/10 含甲醇的水溶液清洗。

使用过氧化氢：请注意，如果使用这种方式处理表面，就无法涂上聚氨酯漆。在非金属容器中，将浓度 35% 的过氧化氢（腐蚀性极高，必须在药房购买）与氨水以 9 ：1 的比例混合。用尼龙刷或海绵将上述溶液涂在木头表面，然后以清水冲洗。放置干燥一天，接着用加入 1/10 含甲醇的水溶液清洗。

巨幅海报

请数字印刷公司将相片、图画或自己的拼贴作品复制到建筑设计平面图上，以超大尺寸打印出来。将这张巨幅海报以壁纸胶直接贴在墙上。依照喜好、季节或人生大事记随时更换图像！

数字印刷技术也能将影像复制到挂式织帘上。也可以使用计算软件（Rasterbator）放大照片，并将它们分成几部分在 A4 大小的纸上印出，然后重新组合成影像。

装饰字体

如果想要制作模板刷印或壁贴，www.dafont.com 网站拥有大量复古字体，可供私人用途使用者免费下载。

专有名词
GLOSSARY

石灰浆（Badigeon）：
稀释的石灰涂料，其透明度取决于水分的多少。

酚醛树脂（Bakelite）：
又名电木。是由 Leo Baekeland 在 1907 年发明的第一个完全合成塑料，这种热固性聚合树脂立刻被应用于制造日常用品、珠宝、收音机盒和电话机外壳。

混凝土（Beton）：
混合水泥（黏土与石灰）、粒状物（沙子和砾石）、水以及便于随兴改变其性质的添加剂。组成物的选择和比例将会决定其技术质量。

刷石灰浆（Chauler）：
涂上厚石灰。

可丽耐®（Corian）：
耐用、可修补、优雅、魅力四射，这绝对是上等塑料的最佳典范。现代家具、灯具、布置、卫浴洗手盆或厨房工作台……设计师全都疯狂应用。虽然价格依然昂贵，但是目前需求强大，在未来它应该能更加普及。

镀锌、镀镍、镀铬（Galvanizer, nickeler ou chrome）：
使用一层薄薄的锌、镍或铬保护金属。

刮（Grater）：
让石墙和砖墙露出原裸面貌。

喷丸（Grenaillage）：
广泛用于提高零件的机械强度以及耐磨性、抗疲劳和耐腐蚀性等。

导光管（Lumiere tubulaire）：
十分环保的创新技术，可用来将自然光导入深度 6 米以上的居家室内空间。透过安装在屋顶的反射管道井，阳光几乎可以完整地分配到家中最阴暗的区域。

展示品（Objet de maitrise）：
用来展现工匠技术和专业知识，以小比例尺做出的复制品。

聚碳酸酯（Polycarbonate）：
极坚固的塑料，质量比玻璃轻两倍，具有极佳的隔热效果。这种轻盈且易于操作的优异材料适合居家多种应用：滑门、隔断、护栏、家具、灯具、浴室挡水屏、盥洗台背板、床头板等。结实、半透明，最重要的是事先不需进行准备工作，工地临时围篱时常运用这种材质，上述种种优点让聚碳酸酯制成的波浪板可以轻松改造成隔断或背板！

金属工匠（Serrurier）：
使用金属制作定制成品（门窗框、地板、护栏）的工匠。

鸣 谢
ACKNOWLEDGEMENTS

Julie Guehria, Cédric Gidoin, Jean-Pascal Levy Trumet, Olivier et Françoise Desmettre, Valérie Escanez-Guitton, Antoine Vidaling, Ghislain Antiques, Catherine Talamoni, Jérôme Lepert, Julien Bassouls, Philippe Harden, Cristina Zonca, Frédéric Daniel, Karine Herz, Vladimir Doray, Alba Pezone, Caroline Giraud, Stéphane Quatresous, Hadji et le salon de coiffure Récup'Hair, Jérôme Delor et la boutique Abalone, Gérard Szenik et la marque Sensei pour le linge de bain.

L'auteur remercie tout particulièrement Maurice Rodrigues, Guillaume et Gasby Dubois, Marie Delas de Céladon éditions et Agnès Busière.
La photographe remercie Agnès Busière, Marie Delas et les propriétaires qui nous ont accueillies.
Enfin, merci à Solange pour ses dessins, à Rémi pour son efficacité, à Chloé pour la touche finale.

特别感谢
SPECIAL ACKNOWLEDGEMENTS

Archéologie industrielle, Jérôme Lepert. Pages 76, 78, 91, 94, 95, 100, 101, 135.

ZUT ! Frédéric Daniel Antiquités. Pages 49, 99.

Ghislain Antiques. Pages 12, 13, 84, 86, 96, 102.

Atelier 154. Pages 30, 42, 64, 70, 93, 105, 106.

Boutique Carouche. Pages 82, 83, 104.

Fabrice Ausset et Virginie Leclerc (Architectes ZOEVOX). Pages 6, 32, 40, 53, 57, 60, 68, 88, 120.

Karine Herz (réhabilitation). Pages 35 (droite), 36, 38, 39, 47, 112.

Vladimir Doray (architecte). Pages 14, 118, 130.

Philippe Harden (architecte). Pages 127 (gauche).

Jean-Pascal Levy Trumet (décoration) et Isabelle Stanislas (architecte). Pages 10, 11, 12, 21, 31, 54, 58, 131 (gauche), 132 (gauche).

Cristina Zonca (réhabilitation). Pages 26, 56, 66, 133.

Anne-Cécile Comar et Stéphane Pertusier (Architectes Atelier du Pont). Pages 8, 15, 22, 24, 44, 114, 127 (droite).

Noëlle Merlet (architecte). Pages 20, 29, 34, 50, 74, 75, 131 (droite).

Valérie Escanez-Guitton. Pages 92, 116, 117, 122, 128.

Création Michel Gabillon (tabourets en métal). Page 35 (gauche).

Linge de bain Sensei. Pages 22, 57, 131 (droite).

Cuisines Arclinea. Page 119.

图书在版编目（CIP）数据

好想住工业风的家 / (法) 吉娜维芙·托马斯著 ；陈阳译. -- 南京 ：江苏凤凰科学技术出版社，2018.1
ISBN 978-7-5537-8608-7

Ⅰ. ①好… Ⅱ. ①吉… ②陈… Ⅲ. ①建筑材料 Ⅳ. ①TU5

中国版本图书馆CIP数据核字(2017)第258862号

Le Style industriel
© Fleurus, Paris – 2008
Simplified Chinese translation rights arranged through The Grayhawk Agency

好想住工业风的家

著　者	[法]吉娜维芙·托马斯
译　者	陈　阳
项目策划	凤凰空间/单　爽
责任编辑	刘屹立　赵　研
特约编辑	单　爽
出版发行	江苏凤凰科学技术出版社
出版社地址	南京市湖南路1号A楼，邮编：210009
出版社网址	http://www.pspress.cn
总　经　销	天津凤凰空间文化传媒有限公司
总经销网址	http://www.ifengspace.cn
印　刷	北京博海升彩色印刷有限公司
开　本	710 mm×1000 mm　1/16
印　张	9.5
字　数	76 000
版　次	2018年1月第1版
印　次	2024年1月第2次印刷
标准书号	ISBN 978-7-5537-8608-7
定　价	59.80元

图书如有印装质量问题，可随时向销售部调换（电话：022-87893668）。